Discovery of Animal Kingdom
听动物讲故事

动物王国
大探秘

[英]茱莉亚·布鲁斯/著　[英]兰·杰克逊/绘　杨 阳/译

U0265371

上海文化出版社

目 录

3　　有趣的动物故事从这里开始……

4　　大象的鼻子有什么用?

6　　袋鼠的育儿袋是什么样子的?

8　　长颈鹿的脖子为什么那么长?

10　熊喜欢吃什么?

12　野生猫科动物都是独自捕食吗?

14　猴子的尾巴有什么用?

16　沙漠中的动物是怎样生存的?

18　蝙蝠吃什么?

20　鸟类为什么会飞?

22　鸟类如何吸引配偶?

24　为什么猫头鹰能在夜间捕食?

26　小蝌蚪是怎样变成青蛙的?

28　蛇是怎样捕食的?

30　鳄鱼是怎样抚育幼仔的?

32　动物小辞典

有趣的动物故事从这里开始……

欢迎来到动物世界。

我们将向你讲述我们的生活故事。

从撒哈拉沙漠到北极，

到处都有我们动物的踪迹。

我们会告诉你，

我们是如何寻找食物，

如何躲避猎食者，

如何吸引配偶，如何抚育后代的；

你将会与猎豹一起奔跑，

帮助鳄鱼妈妈孵化宝宝；

你还会遇到世界上飞得最快的鸟

（如果知道他是谁，你会很惊讶的）；

你会发现骆驼的驼峰里究竟有些什么；

你还会和一群骄傲的狮子妈妈们一起狩猎。

首先，

我们来认识一下非洲象，

他正准备告诉你他那不可思议的鼻子都能干些什么呢……

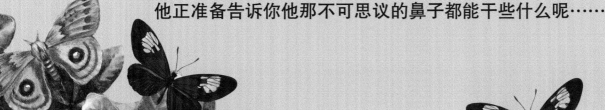

大象的鼻子有什么用?

假如没有鼻子,我们非洲象就没有办法生存下去了。因为鼻子可以帮助我们做很多事情。当我们遇到同伴时,我们用鼻子打招呼。我们的鼻子可以伸得很长,这样我们就可以吃到那些嫩嫩的新鲜树叶。这些树叶可都长在树顶哦!当我们想大声吼叫时,我们的声音也是通过鼻子发出的。

如果没有鼻子,我们就没有办法喝水了。因为我们的头不能垂到地面上去喝水,所以我们只能先用鼻子把水吸上来,再把水喷到嘴巴里。

我们的鼻子就像是人的鼻子、嘴唇、手、胳膊的综合体。在我们鼻子末端有两片突起的"肉指",我们可以用"肉指"捡起树叶之类的小玩意儿。

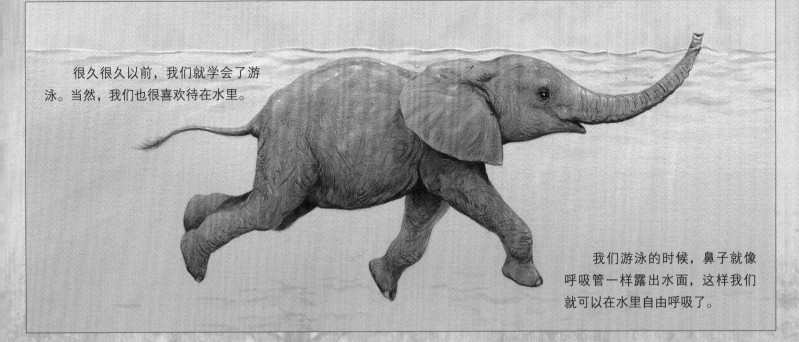

很久很久以前，我们就学会了游泳。当然，我们也很喜欢待在水里。

我们游泳的时候，鼻子就像呼吸管一样露出水面，这样我们就可以在水里自由呼吸了。

我有个强壮有力的鼻子，它可以缠绕在树上，将树连根拔起。所以你们人类会驯养大象帮你们搬运木头之类的重物。

鼻子给我们带来的最大乐趣是洗澡。我用鼻子吸些水，然后喷到背上，呵呵，真舒服啊！洗澡的好处有很多，比如可以帮我在炎热天气里降温，还可以帮我洗掉讨厌的寄生虫……嗯，至少一段时间内我会觉得很凉爽、很舒服。

我们的鼻子里面没有骨头，这就意味着它们很灵活。所以，在结束了一天的辛苦工作后，我可以把鼻子缠绕在我的长牙上，让它好好休息。

袋鼠的育儿袋是什么样子的?

袋鼠妈妈的育儿袋里面又暖和又安全。我很快在育儿袋里找到了乳头,这样我就可以躲在里面吃奶了。我长得很快,当我 3 个月大的时候,就可以出来透透气,看看外面的风景了。

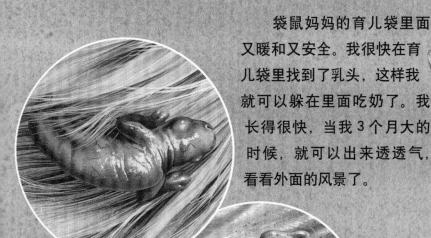

我刚出生的时候没有视力,看不见东西,身上只有一点点毛,个头只有蚕豆那么大。我必须立即爬进妈妈肚子上的育儿袋里。

现在我有 8 个月大了,别人都叫我幼袋鼠。我个头不小,却可以很自在地爬进爬出妈妈的育儿袋。但是我长得这么大了,妈妈很快就会不让我回到她的育儿袋里了。

直到我 12 个月大的时候,我有时还会回到妈妈那里吃奶。这个时候,妈妈的育儿袋里面又会有一只新的小袋鼠。不用担心,我和那个小家伙都有足够的奶水吃,我还可以吃点青草和树叶换换口味。

我们靠强健而有力的后腿跳跃着前进。实际上，我们不会走路，只会跳跃。我们用力蹬后腿，腾空的时候身体向前倾，双眼直视前方。我们这么一跳就可以跳 2 米高，10 米远。

我们跳跃的时候，会用尾巴保持平衡。当我们短距离冲刺的时候，速度可以达到 70 千米 / 时呢。

下面是我们的族群——一群袋鼠妈妈和她们的孩子，还有一只雄袋鼠，他是我们的首领。我们通常在太阳下山后一起出来觅食。在澳大利亚，我们没有什么天敌，只是偶尔会遇到老鹰或者澳大利亚野狗的袭击。老实说，我们最大的敌人就是你们人类了。你们中的某些人很喜欢用枪打我们。

成年的雄性袋鼠会去挑战其他袋鼠。看，他先"拳击"对手，然后用强有力的后腿去踢他。

我们虽然被称作"红袋鼠"，但是雌性"红袋鼠"却是蓝灰色的。

长颈鹿的脖子为什么那么长?

我们长颈鹿和其他哺乳动物一样，都有7块颈椎。但是我们的每块颈椎都很长，所以我们的脖子也就特别长了。

这是我的孩子，他只有几周大。在1岁之前，他会一直吃我的奶。即使他长大了，他的脖子也会不停地长。对于我们长颈鹿来说，脖子长得长可是非常重要的。雄长颈鹿为了吸引雌长颈鹿经常进行激烈的争斗。雄长颈鹿比较好斗，打一架要花很长时间，他们互相纠缠着，相持不下，谁也不肯先离去。他们摆动脑袋，用力击打对手。通常是拥有最长脖子的雄长颈鹿获得最后的胜利。但是这种争斗有时也会造成雄长颈鹿的死亡。

长得高无疑会有很多好处。我是一只长颈鹿，我有很长的脖子。这意味着，在非洲大草原上，我们可以吃到其他动物无法吃到的，长在较高地方的新鲜嫩叶与树芽。大草原上的动物大多是植食性动物，但是我们长颈鹿可以用不同的方法吃到不同的东西，所以我们并不会与其他动物在同一时间内争夺同样的食物。像我们这样吃乔木和灌木的叶子的动物被称作食叶动物，而那些吃青草和其他地表植物的动物被称作食草动物。

这只大羚羊既吃草又吃嫩叶。他们是非洲最大的羚羊。他们的角不仅可以压弯树枝，还能折断树枝，这样他们就可以吃到鲜嫩的树叶了。

斑马喜欢吃青草顶端有韧性的部分，角马喜欢吃枝叶茂盛的中间部分，小汤姆森瞪羚就吃低矮的多汁的植物。角马也叫作牛羚。在雨季，当所有的植物都在茁壮成长时，牛羚开始在大草原上迁徙，寻找刚刚长出的多汁的青草。

我用长长的黑舌头吃树顶美味的嫩叶。大象用他的鼻子也可以吃到这些树叶。非洲瞪羚站立着也能吃到高处的枝叶。较小的犬羚就只能吃到低处的树叶与灌木的叶子和嫩芽。

不许笑！我的腿实在是太长了，喝水的时候很不方便。当我要喝水的时候，我不得不叉开前腿或者弯下膝盖才能喝到水。

黑犀牛的嘴唇非常灵活，他们用嘴唇夹树叶吃，甚至可以用它剥树皮。

9

熊喜欢吃什么？

一年四季中，我最喜欢的是夏季。现在就是美国阿拉斯加州的夏季。鲑鱼为了繁殖后代，成群结队地逆河而上。这个时候，我们灰熊很容易捉到美味的鲑鱼，所以我们都跑到河边捕鱼。当然，我们喜欢吃的并不只是鱼，只要是能找到的美味的东西，我们都爱吃，比如昆虫、青蛙、小型哺乳动物、浆果、多汁的根茎，以及你们人类野餐后遗留在树林里的食物。我们并没有看起来那么温和。我们有锋利的牙齿和巨大的爪子，追赶猎物时，我们会跑得很快，我们甚至可以猎取到驯鹿或驼鹿。

我的嘴巴可以张得很大，我的牙齿也很多。我用尖锐的门牙撕咬肉类，用臼齿研磨根茎、浆果和鱼类的骨头。我的视力比较差，但没关系，我的嗅觉可是很灵敏的。我只要用鼻子使劲嗅一嗅，就可以找到很多食物。

当鲑鱼尝试飞跃瀑布时，我只要张大嘴巴就能轻易地捉到他们。肥美的鲑鱼，能帮助我积攒足够多的脂肪来度过漫长的冬眠期。

我们黑熊喜欢吃鱼、哺乳动物、浆果和根茎。但对我们熊来说，最喜欢的、最不可抗拒的美味就是蜂蜜。我在这棵大树的树洞里找到了一个蜂巢。我虽然要爬得很高才能够到这个蜂巢，但这是值得的，因为蜂蜜真的很好吃。当然了，蜜蜂们肯定不欢迎我。他们会用螫针对付我。幸运的是，他们的螫针扎不透我厚厚的毛皮。

我是一头北极熊。我生活在北极圈的冰盖上。我是真正的食肉动物，平时主要吃海豹和鱼类。现在，我正在冰洞旁耐心地等待粗心的海豹浮出海面呼吸。看来我的运气不错，我等到了。我闪电般地一掌拍下去，这只海豹就是我的了。

我是来自中国的大熊猫，是世界上最珍稀的大型哺乳动物之一。我最主要的食物是竹子。竹子是一种禾本科植物，它没有什么营养，所以我要吃很多很多的竹子才能填饱肚子。我每天吃的竹子差不多有我的体重的一半那么多。我一生中的大部分时间都在睡觉和吃东西。

我的前掌除了5个带爪的趾外，在腕关节处还有一个第六趾。我在吃竹子的时候，第六趾能帮助我牢牢抓住竹子。

野生猫科动物都是独自捕食吗？

我所有的一切都是为了把我塑造成世界上速度最快的陆地动物：我有强健的、流线型的身体和长长的腿；我的骨骼很轻；我的步幅很大；我的脊柱对于强有力的后腿来说就像是一根弹簧；我的尾巴帮我保持高速奔跑和急速转弯时的平衡。所有的这一切使我的最高速度可以超过100千米／时。没有什么陆地上的动物在速度上可以超过我——猎豹。

我只能在短时间内维持这样的速度，每当我看到猎物以后，我通常会悄悄地靠近猎物。在我猛扑过去之前，我需要尽可能地靠近猎物。有时我需要较长时间去追赶猎物，这时我会以较慢的速度追赶他们大约5000米的距离。

隐蔽术和伪装术使我们老虎成为动物中相当优秀的猎手。首先，我潜伏在又高又深的草丛里。我必须确保自己逆风前进，这样猎物就不会闻到我的气味。然后我会小心地接近猎物。一旦猎物进入攻击范围，我就会猛地扑上去。

我们猎豹喜欢在白天捕猎。我依靠良好的视力秘密地监视着猎物并判断我们之间的距离。我眼睛下方的黑色斑纹能帮助我遮挡刺眼的阳光。当我抓住猎物后，比如说这匹斑马，我会把他强压在地上，用我的利齿咬紧他的喉咙使他窒息而死。

狮子被称作草原之王。狮群在狩猎时的主力是雌狮。我们雌狮一起狩猎，所以我们能捉住大型的猎物，比如角马。首先，我们从四周悄悄包围猎物。然后我们中的一两只向包围圈内移动，去捕杀猎物。因为猎物所有的逃跑路线都被我们封锁了，所以他不可能从我们的致命陷阱中逃脱。我们捕到猎物后，会与狮群里的其他狮子分享。

如果你认为猫科动物都不喜欢水，那么你错了。我是渔猫，生活在马来西亚的灌木丛中。我吃青蛙和甲壳类动物，但是我最爱吃的是鱼。有时我会跳入水中捕鱼；有时我蹲伏在岸边，轻拍水面吸引小鱼游近。当小鱼过来一探究竟的时候，我就用爪子抓住他，然后扔到岸上……

这是一次非常轻松的狩猎行动。饱餐一顿后，2天内我都不需要捕猎了。我要在兀鹫等食腐动物到来之前，迅速地吃掉猎物并离开。我没有办法赶走他们，因为他们是集体出动，而我是独自狩猎。一般来说，我只吃猎物的肉，剩下的皮毛、骨头和内脏就交给食腐动物了。

猴子的尾巴有什么用？

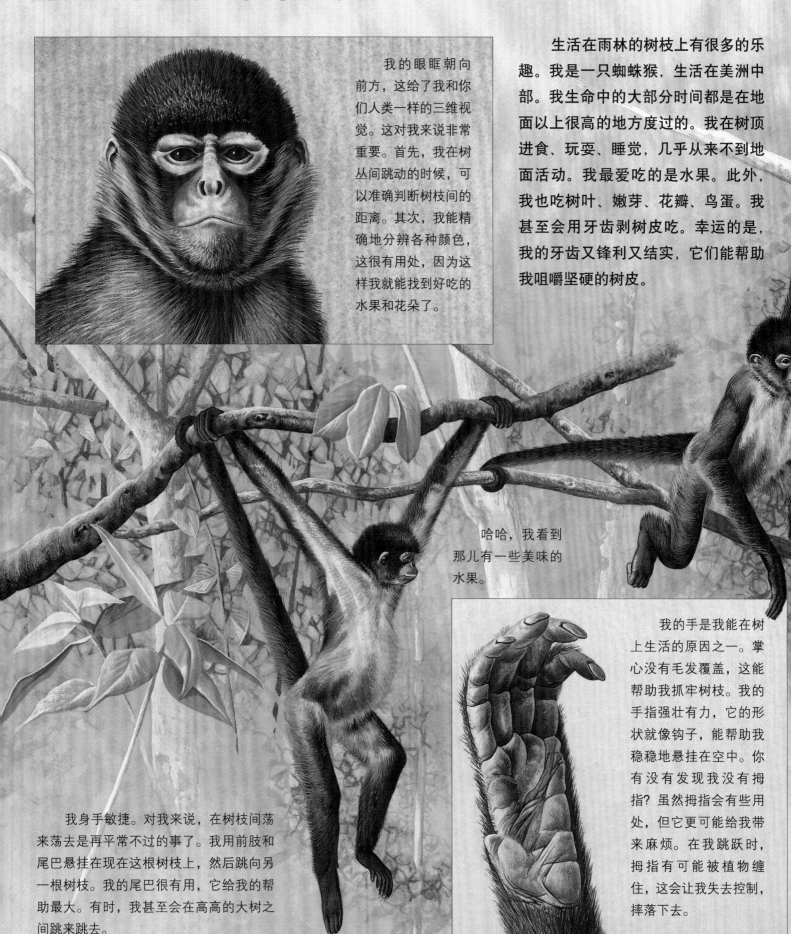

我的眼眶朝向前方，这给了我和你们人类一样的三维视觉。这对我来说非常重要。首先，我在树丛间跳动的时候，可以准确判断树枝间的距离。其次，我能精确地分辨各种颜色，这很有用处，因为这样我就能找到好吃的水果和花朵了。

生活在雨林的树枝上有很多的乐趣。我是一只蜘蛛猴，生活在美洲中部。我生命中的大部分时间都是在地面以上很高的地方度过的。我在树顶进食、玩耍、睡觉，几乎从来不到地面活动。我最爱吃的是水果。此外，我也吃树叶、嫩芽、花瓣、鸟蛋。我甚至会用牙齿剥树皮吃。幸运的是，我的牙齿又锋利又结实，它们能帮助我咀嚼坚硬的树皮。

哈哈，我看到那儿有一些美味的水果。

我身手敏捷。对我来说，在树枝间荡来荡去是再平常不过的事了。我用前肢和尾巴悬挂在现在这根树枝上，然后跳向另一根树枝。我的尾巴很有用，它给我的帮助最大。有时，我甚至会在高高的大树之间跳来跳去。

我的手是我能在树上生活的原因之一。掌心没有毛发覆盖，这能帮助我抓牢树枝。我的手指强壮有力，它的形状就像钩子，能帮助我稳稳地悬挂在空中。你有没有发现我没有拇指？虽然拇指会有些用处，但它更可能给我带来麻烦。在我跳跃时，拇指有可能被植物缠住，这会让我失去控制，摔落下去。

当我在树上跳跃、行走以及攀爬的时候，我的尾巴会帮我保持平衡。我的尾巴比我的前后肢都要长。相对于仅仅依靠四肢，在尾巴的帮助下我可以在相距更远的树木之间更快地前进。我的肩膀也非常灵活，手臂可以伸得很长，所以我可以毫不费力地在树枝间荡来荡去。

跳跃时，我会伸直自己长长的后腿跳向空中。与此同时，我尾巴会悬挂在一根树枝上。我简直就是一个跳跃专家，甚至不需要去考虑下一步该怎么移动。

成功了！多么好吃的水果，值得我这么努力一回！我非常喜欢饱满多汁的水果。雨林里一年到头到处是形形色色的果子，所以我很少为食物发愁。

当我吃东西或穿行于森林中时，我会用尾巴抓住树枝。我的尾巴末端的内侧跟掌心一样是没有毛的，这样可以牢牢抓住树枝，真是棒极了。

我的尾巴可以作为梯子，孩子们可以借助它爬过这个危险的地方。

我的尾巴非常强壮，能够承受身体的全部重量。在尾巴的帮助下，我能够到达很多地方。比如现在，我的尾巴缠绕在树枝上，我不用跳下去就能喝到水。尾巴还能让我腾出双手做其他事情，比如摘水果。

沙漠中的动物是怎样生存的？

我是羚羊家族的一员，我的名字叫曲角羚，主要吃草和树叶。我非常适合在干燥的撒哈拉沙漠生活，因为我基本上不用喝水。我身体所需的水分主要来自植物。我通常在凉爽的夜间进食，在炎热的白天休息。

我是一只跳鼠，是老鼠家族的一员，但我可以像袋鼠那样跳跃。我昼伏夜出，白天躲在地下，晚上出来寻找食物。我几乎不用喝水，因为我可以从食物中补充身体所需要的水分。我喜欢吃植物的种子、根和芽。

沙漠里太热了，我只能用我的大耳朵、裸露的尾巴和腿部不停地散热。

我是耳郭狐。和其他沙漠动物一样，白天我藏在凉爽的洞穴里躲避高温，夜里才出来觅食。我大大的耳朵有散热的作用，我体内大部分热量都是从耳朵上散发出去的。

我们骆驼的脚掌很宽大，脚掌分为两趾，趾下有又厚又软的肉垫。走路时脚趾叉开。这样的脚掌使我在沙地上行走自如，不会陷入沙里。在炎热的沙漠里，我走得很慢，但我每天可以轻松地走上 40 千米。

对于我们这些沙漠动物来说，在沙漠中生存是一个巨大的挑战。我们有一些非常聪明的方法帮助我们在荒芜、炎热、干燥的环境中生存。我是一只单峰骆驼。我可以几个月不喝水。但是当我找到一个水源后，我一口气能喝下 100 升水，这相当于一次喝掉 200 多瓶矿泉水。

我是一只雄性沙鸡。这里没有水给我的宝宝饮用。所以我每天都要飞行 25 千米寻找水源。找到水源后，我用水浸透胸部的羽毛，然后飞回宝宝身边，让他们喝羽毛上滴下的水珠。

我可以合上鼻翼，防止沙子进入鼻子。

我有双重眼睑和浓密的长睫毛，可以防止沙子进入眼睛。

实际上，我的驼峰并不储存水，它储存的是脂肪。在缺少食物的时候，这些脂肪可以转化成我所需要的能量。

当天气过于炎热的时候，我们角蝰会把身体埋在沙子里，这时你只能看到我们眼眶上的刺状角鳞了。

我是一条角响尾蛇，用一种奇特的横向伸缩的方式移动。在任何时刻，我只需要身体上的一小块皮肤与炎热的沙子接触就可以前进了。

蝙蝠吃什么？

你知道吗？有些蝙蝠喜欢吃水果。我是一只狐蝠，也有人叫我果蝠。对我来说，最开心的事情莫过于可以大吃特吃多汁的无花果和杧果。现在，我用脚和翅膀上的爪挂在一串香蕉上，准备吃午餐了。

我是一只吸血蝙蝠，我喜欢吸食大型动物的血液，比如牛和猪的血液。我先用尖锐的牙齿咬破他们的皮肤，然后用舌头舔舐他们的血。

我是一只花蜜长舌蝠。我喜欢吃花粉和花蜜。我将长长的舌头伸进花瓣中舔食花蜜，这时花粉会沾满我的脸。当我飞到另一朵花上时，花粉掉落在这朵花上，我就完成了一次授粉。

利用反射回来的声波，我可以侦测到周围是否有猎物。比如，我可以确定这只飞蛾就在我的附近。更重要的是，我可以确定猎物的位置和大小，以及他们的移动速度和方向。一些飞蛾一听到我高频率的尖叫声就会立即逃跑，但我可以捉到那些反应比较慢，甚至根本没有察觉到我的存在的飞蛾。

很多蝙蝠和我一样喜欢吃昆虫。你认识我吗？我是鼠耳蝠。我们依靠膜翅在夜间默默滑翔，寻找猎物。我们在黑暗中利用回声寻找猎物，确定飞行方向。我们不断发出高频率的声波，声波遇到附近物体便反射回来，听到回声，我们就能知道附近发生的任何事情。

我是一只食鱼蝙蝠（墨西哥兔唇蝠）。我通常捕食在湖泊或河流水面畅游的鱼类。我用来捕鱼的爪子又长又锋利。我先利用回声定位发现水中的鱼，然后把爪子伸到水中刺穿猎物。

我是长耳蝠。我的大耳朵能帮助我辨别声音的来源。

我是一只叶鼻蝠。当我倾听回声的时候，我的鼻叶可以把那些微弱的回声导入我的耳朵里。

几乎所有蝙蝠都是夜行动物。我们白天休息，夜晚出去觅食。我们喜欢栖息在阴暗的、偏僻的地方，比如山洞里或大树上。也有蝙蝠栖息在一些老房子的屋檐下。我们总是倒挂着休息和哺育后代。出去觅食的时候，我们会把小蝙蝠们留在栖息地。

鸟类为什么会飞?

我们可不是简简单单的一群大雁,我们是世界上最出色的空中旅行家。鸟类比昆虫和蝙蝠更善于飞行。我们善于飞行的秘密在于我们胸腔和翅膀的形状。我们的胸部肌肉非常发达,可以轻易地扇动宽大的翅膀。这是我们能够起飞和自由翱翔于天空的动力来源。你相信吗?我们大雁是世界上飞行速度最快的鸟类之一。只有正在追逐猎物的游隼,才会比我们飞得更快。

气流穿过我们弯曲的翅膀时,会产生一股向上的力量使我们飞起来。我们流线型的身体和光滑的羽毛使我们在空气中飞行时受到的阻力很小,因此,我们可以轻易地飞行很长一段距离。

当我们飞行的时候,我们的腿会折叠起来尽量靠紧身体。这样就可以减小我们飞行时受到的空气阻力。

飞机的尾翼就是模仿我们的尾巴设计的。尾巴既能帮我们保持平衡,又能帮我们控制飞行方向。

体重越轻就越有利于飞行。我们鸟类的骨骼很特殊,它就像竹子一样,中间是空的。这大大减轻了我们的体重。我们的嘴由角质构成,也很轻巧。此外,我们没有笨重的牙齿。

我们大雁飞行时,会保持严整的"V"字队形。一只大雁在前面领头,其余的大雁尾随其后。领头的大雁扇动翅膀带动气流,后面的大雁借助这股气流飞起来就会很轻松。在飞行时,领头的大雁体力消耗得很厉害,所以我们经常会更换头雁。

20

我们扇动翅膀可以产生向前和向上的力。某些鸟类跟我们大雁一样，翅膀又短又窄。这样的翅膀有利于提高飞行速度，但是得不停地扇动翅膀，否则就会从天上掉下去。而有些鸟类，比如信天翁和鹰，他们的翅膀又长又宽，不需要扇动就可以在空中滑翔。

拍打翅膀可是个体力活，这比跑步和游泳累多了。因此我们需要大量的氧气用来保持肌肉的活力。所以我们的肺部非常有效率，它从空气里吸收氧气的能力可比你们人类的肺强多了。

翅膀上这些坚韧的羽毛，就是飞羽。我们可以把飞羽完全展开或弯曲成一定角度，这样我们就可以加快或者降低飞行速度了。

我是一只红喉北蜂鸟。我并不像其他的鸟类那样飞行，我喜欢盘旋。我主要吃花蜜，但因为并不是所有的树枝都靠近花朵，所以盘旋在花前是吃到花蜜的唯一方法。看到了吗？我的嘴巴很长吧。这时，我就用舌头吸食花蜜。我可以长时间地悬停在空中，甚至可以倒着飞行。为此，我得绷紧翅膀并且每秒钟拍打翅膀大约 50 次。

21

鸟类如何吸引配偶？

平时我只是一只土褐色的艾草松鸡。为了吸引配偶，我的样子会发生很大的变化：我昂首阔步，散开尾羽，挺起胸膛，不断把气体充入喉咙下方的两个黄色的气囊里。当我快速地把空气从气囊中挤出去时，就会发出响亮的声音。声音越大，仰慕我的雌性就会越多。

对我们动物来说，最重要的事情就是繁殖后代，否则我们就会灭绝。为了实现这个目的，我们首先得找到一位配偶。某些鸟类会用极其壮观的方式来吸引异性——我们孔雀吸引异性的方式可能是最壮观的了。

繁殖季节到了，雄性红羽极乐鸟就会聚集在树枝间跳复杂的舞蹈，展示他们美丽的羽毛。我们雌性红羽极乐鸟都抵挡不住这样的炫耀。与雄鸟相比，我们雌鸟的羽毛是暗棕色的。所以在鸟巢里时，我们雌鸟的羽毛就成了很好的伪装。

我们白头海雕的求爱舞蹈是最惊险的特技飞行。在惊险的表演中，我们和配偶在空中一起翻腾、俯冲。有的时候，我们会紧握双爪在高空旋转，甚至翻跟头。

我们头朝地面垂直俯冲，但在数秒内又重新拔起。在每个繁殖期我们都会和伴侣重复这项表演。我们一生中只会有一个伴侣，一旦交配成功，我们就会轮流孵化鸟蛋，轮流捕猎给幼鸟喂食。

我们丹顶鹤是典型的"一夫一妻"制，配对后终生不再分离。所以我们的求爱舞蹈非常重要，我们要确保为自己找到理想的舞伴。在每个繁殖期，我们都会跳这样的舞来巩固我们之间的关系。

为什么猫头鹰能在夜间捕食？

猫头鹰都是夜行者。我是一只灰林鸮（一种猫头鹰），是黑夜中无声的捕猎者。你会在欧洲和亚洲部分地区的夜空中发现我们静悄悄地尾随着猎物。我宽大的翅膀上的羽毛非常柔软，上面有天鹅绒般繁密的羽绒。这些羽绒能消除我拍打翅膀时产生的声音。这意味着猎物根本就察觉不到我的到来，而我却可以轻易地听到猎物发出的声音，准确地判断他们的方位。

我的眼睛太大了，它们不能转动，所以我必须转动头部查看四周。我的头部可以左右旋转270度，所以我能看到身后的动静。

当我瞄准猎物后，我会突然俯冲发起攻击。

我扁平的脸会把声音导到我的耳朵里。我的听觉非常灵敏，在伸手不见五指的黑暗环境中，单凭听觉我就能准确捕捉到猎物。在宽大的翅膀帮助下，我缓缓地飞行，寻找着猎物。

我脚上的爪子被称为利爪。它们很长，锋利有力。我有4个脚趾，当我抓住猎物或栖息在树上的时候，其中1个脚趾会转到物体后面增加握力。我的脚非常粗糙，这也有助于我抓紧猎物和树枝。

追踪猎物时，我会用翅膀控制飞行方向。接近猎物时，我会散开羽毛来控制速度。我牢牢盯住我的目标，片刻之间就能靠近他。

我们约产5枚卵，每隔几天产1枚。雏鸟先后被孵化出来。猫头鹰宝宝身上覆盖着毛茸茸的、柔软的羽毛。在宝宝长出成熟的羽毛，并能照顾自己之前，我们要喂养他们几个星期。

我们没有牙齿，不能咀嚼食物，所以我们只能把猎物整个儿吞下去。这就意味着我们会吞下猎物的皮、毛、牙齿和骨头等不能消化的东西。我们会把这些残留物"打包"进一个小巧的球里。所有的猫头鹰都会在饭后15个小时左右产生一个这样的柔软小球。我们只有在排出上一餐形成的小球后，才能继续吃下一餐。

不一会儿，我们吃下的那些带皮毛的猎物就只剩一堆不能被消化吸收的残渣。

就是那里！我减慢速度，几乎停止在半空中。然后我向前伸出腿，张开利爪。

展开尾巴也可以减慢我降落的速度。

这只小田鼠还不知道是什么击中了他，等他反应过来的时候，一切都太迟了。不管怎样，他很快就会在我锋利强壮的利爪下丧命。

捉到猎物后，我会飞到一个安全的地方去享用我的晚餐。像这样大小的猎物，我可以一口吞下去。对于大型猎物，我会用爪抓牢他，用锋利弯曲的喙把他撕成大小合适的块状。我喜欢吃的东西很多，尤其是小型哺乳动物，例如田鼠。我也捕捉青蛙、鸟类、蚯蚓、昆虫和鱼。白天，我在树上休息，静静地消化昨天的晚餐。我杂乱的褐色羽毛让我在树梢休息的时候可以很好地伪装自己。

小蝌蚪是怎样变成青蛙的?

你相信吗? 我出生的时候只是一团胶状物里的一个小黑点, 那就是青蛙卵。在树荫下寂静的池塘里, 我的妈妈产下了好几千枚卵, 我就是其中之一。我们青蛙是两栖动物。这意味着我们会分别在陆地上和水中度过生命中的一部分时间。我们在水中产卵, 因为水能帮助卵呼吸。我们的肺非常小, 所以我们也通过皮肤呼吸。因此, 我们必须保持皮肤的湿润。我们在陆地上的时候, 喜欢凉爽、潮湿的地方, 这样我们就不会因为干燥而呼吸困难。

我们蝌蚪刚被孵化出来时, 以卵的残余物和藻类为食。我们通过头部附近像羽毛一样的鳃呼吸。不久后, 我们的外鳃退化生出内鳃, 后肢慢慢长出, 肺慢慢取代鳃成为主要呼吸器官, 皮肤则辅助呼吸。

上面这些就是蛙卵。雌蛙一次产下好几千枚卵。卵被厚厚的胶状物保护起来。这样既能保持卵的潮湿, 又能为成长中的蝌蚪提供营养。鱼和龙虱之类的动物都爱吃蛙卵, 这就是我们产下如此之多的卵的原因。幸运的是, 一些捕食者由于黏黏的胶状物而放弃吃蛙卵, 许多卵幸存了下来。

我们稍大一点的时候，饮食结构就会发生了变化。我们从吃植物转变为吃别的动物。首先，我们以水蚤之类的小动物为食。当我们长大后，我们捕食昆虫、蚯蚓、鼻涕虫，甚至还吃小型哺乳动物或者鸟类。

现在，我们的后腿发育成形了，前腿也长了出来。我们越来越像一只真正的青蛙了。

我们的后腿正在发育，尾巴在慢慢地变短，不久它就会完全消失。要4年时间，我们才能长成正常大小的青蛙。

我们聚成一团，扭动尾巴在水中游动。因为我们的队伍很庞大，所以我们成了许多池塘居民喜爱的食物。鱼、甲虫、蝾螈和水鸟都把我们当作美餐。

我是一只来自南美洲的箭毒蛙。我的体形很小。我在树叶上产卵，而不是在水里。蝌蚪孵出后，会爬上我的背，我就带他们去水池。在那里，他们能以蚊子和昆虫的卵为食。我鲜艳的肤色会告诉捕食者：我有毒，你们最好不要打扰我。

蛇是怎样捕食的？

你真的应该羡慕我们蛇类，因为我们有柔软的身体和令人惊异的捕猎技巧。我们有独特的移动方式、灵敏的嗅觉，以及一些有效杀死猎物的方法。就说我吧，我是一条来自中南美洲的大蟒蛇——世界上最大的蛇之一。我粗壮的身体可以长到 4 米长，是一个成年人身高的 2 倍多。

我没有长而锋利的毒牙。我是靠上下颌上短而尖锐的牙齿咬住猎物，然后用身体把猎物缠住，直到他窒息而亡。看到我叉状的舌头没？我不断地伸出舌头捕捉空气中猎物发出的气味。

不同于蟒蛇，我们眼镜蛇有两颗长而锋利的毒牙，可以向猎物注入致命的毒液。当我受到惊吓或者感觉到危险的时候，我会将身体前段竖起，将头颈展开吓唬捕食者。在这种状态下，我能以闪电般的速度攻击猎物。我的毒液会使猎物麻痹、死亡。我主要吃蜥蜴、小型哺乳动物和青蛙。把他们整个吞下……真是太可口了！

这只美味、肥硕的狸鼠将会是我非常满足的一餐。从现在开始，至少 2 天之内我都不需要再吃东西了。不过我还是会用舌头不停地感知猎物释放的热量和气味，准备下一餐。

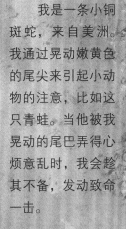

我是一条小铜斑蛇，来自美洲。我通过晃动嫩黄色的尾尖来引起小动物的注意，比如这只青蛙。当他被我晃动的尾巴弄得心烦意乱时，我会趁其不备，发动致命一击。

我们绿蔓蛇能够很好地伪装自己。我能和藏身的树枝融为一体。我顺着树枝向下移动到猎物的上方，毫无疑问，就是这只蜥蜴。哈哈！我就要抓住他了。我的牙齿虽然有毒，但我的猎物通常是死于窒息。我可以紧紧地缠绕着挣扎的猎物长达 1 个小时，直到他断气。

我在吃东西时，会先把猎物的头部吞进口里，这样猎物会更容易滑入我的口中。为了把猎物整个吞下，我会用上下颌骨做左右交互运动慢慢地把猎物挤进嘴里。所以，再大的猎物我也能吞下去。

抓住猎物后，我会很快地用身体缠绕、挤压猎物。我紧紧地缠绕足以令他窒息。现在他已经死了，我慢慢地松开身体，不慌不忙地享用我的美餐。

29

鳄鱼是怎样抚育幼仔的？

我是一只雌性尼罗鳄。现在是我产蛋的时候了。你可能对这个不感兴趣，但我可是一个非常细心的妈妈。首先，我在河边寻找一个舒适的、沙很多的地方。然后，我用强壮的前腿挖一个洞。这就是我的巢。将巢布置好后，我就会在里面产蛋。

在未来的 3 个月里，我不会远离这个巢，我会守着它直到宝宝孵化出来。我可不想这些蛋被巨蜥、海鸟、猫鼬或老鼠等小偷发现并吃掉。

我会产下 15 到 80 个蛋。他们和鸡蛋差不多大小，有着光滑坚硬的白色外壳。为了保持温暖和干燥，我小心地用沙子盖住他们。神奇的是，巢里的温度会影响宝宝的性别呢。

当宝宝快出壳时，他们会大声尖叫。那是让我把他们挖出来的信号。有时我的配偶也会来帮忙。

我和配偶通过在嘴巴里翻滚这些蛋来帮助宝宝破壳。宝宝们刚刚出壳，整个儿就是缩小版的我们。

危险来临时，我小心翼翼地用牙齿咬住宝宝，将他们抛向空中，然后用我的嘴巴准确地接住他们。用这种方法，我一次可以运送好几个宝宝到安全的地方去。

在我的嘴巴里，宝宝们很安全……只是我得记住不能把他们吞下去！现在，我正要把我的孩子们带到水里去。他们可是天生的游泳健将。

2个月内，我都会将宝宝们带在身边，尽我所能保护他们。这段时间里，他们以昆虫、青蛙和小鱼为食。不久，他们就会学着自己捕食。尽管我会尽心尽力照料宝宝，但也只有1到2只小鳄鱼能平安长大。

动物小辞典

■育儿袋

育儿袋是雌性有袋类动物腹部由皮肤皱褶所形成的囊。有袋类动物产下的幼仔一般都发育不完全，所以他们必须在妈妈的育儿袋里待上一段时间。

■族群

族群指由同种生物，在同一时期、同一地点所形成的群体。

■食叶动物

食叶动物指的是以乔木和灌木的叶子为食的动物。

■食草动物

食草动物指的是以青草和其他地表植物为食的动物。

■食肉动物

食肉动物是以其他动物为食的动物。

■食腐动物

食腐动物指以动物死尸或濒死动物为食的动物。

■冬眠

冬眠指某些动物为了度过漫长的冬季而进入长时间睡眠状态的行为。

■迁徙

为了寻找食物或者找到适合的地方繁殖后代，某些动物会随着季节的变化而变更栖居地。

■授粉

这里的粉指的是花粉。花粉从雄蕊花药传到雌蕊柱头或胚珠上的过程就叫作授粉。许多植物都要经过授粉后才会结出果实。

■飞羽

飞羽是长在鸟类翅膀上粗长坚韧的羽毛，在飞行过程中起着重要的作用。没有飞羽的鸟类是不可能在天空中飞行的。

■滑翔

某些鸟类的翅膀又长又宽，不用扇动翅膀就能借助风力飞行。